AF253531

NOTICE SUR LES EAUX MINÉRALES

DE

MONTE-CATINI

SUIVIE D'UNE NOTE

SUR LES ÉTUVES DE MONSUMMANO

(TOSCANE)

Par J.-A.-N. PERIER,

MÉDECIN PRINCIPAL A L'HÔTEL IMPÉRIAL DES INVALIDES,
OFFICIER DE LA LÉGION D'HONNEUR, DU MEDJIDIÉ DE TURQUIE, DE L'ORDRE MILITAIRE,
DE SAVOIE, ETC., ETC.

1 fr.

PARIS

LIBRAIRIE DE LA MÉDECINE, DE LA CHIRURGIE ET DE LA PHARMACIE MILITAIRES
VICTOR ROZIER, ÉDITEUR,
RUE CHILDEBERT, 11,
Près la place Saint-Germain-des-Prés.

1860

NOTICE SUR LES EAUX MINÉRALES

DE

MONTE-CATINI

SUIVIE D'UNE NOTE

SUR LES ÉTUVES DE MONSUMMANO

(TOSCANE)

Par J.-A.-N. PERIER,

MÉDECIN PRINCIPAL A L'HÔTEL IMPÉRIAL DES INVALIDES,

OFFICIER DE LA LÉGION D'HONNEUR, DU MEDJIDIÉ DE TURQUIE, DE L'ORDRE MILITAIRE.

DE SAVOIE, ETC , ETC.

PARIS

LIBRAIRIE DE LA MÉDECINE, DE LA CHIRURGIE ET DE LA PHARMACIE MILITAIRES

VICTOR ROZIER, ÉDITEUR,

RUE CHILDEBERT, 11,

Près la place Saint-Germain-des-Prés.

1860

Imprimerie de Cosse et J. Dumaine, rue Christine, 2.

NOTICE SUR LES EAUX MINÉRALES

DE

MONTE-CATINI

SUIVIE D'UNE NOTE

SUR LES ÉTUVES DE MONSUMMANO

(TOSCANE).

En nous confiant la mission d'aller étudier les effets thérapeutiques des eaux minérales de Monte-Catini, au point de vue de leur application à l'armée d'occupation d'Italie (21 août 1859), le médecin en chef de cette armée nous a prescrit en même temps de lui faire connaître le résultat de notre examen « au plus tard trois jours » après être arrivé dans cette localité. — On ne nous demandait en conséquence que des recherches succinctes : nous avons tâché de les rendre précises.

Un pharmacien-major, M. Dupuis, ayant été chargé de l'analyse de ces eaux, si renommées en Italie, nous n'aurons pas à nous occuper de leur composition chimique. Et ainsi, nous diviserons notre sujet de la manière suivante : 1° *Situation, description et mode d'emploi;* 2° *Propriétés physiques et chimiques générales ;* 3° *Mode d'action,* — *effets thérapeutiques ;* 4° *Ressources locales,* — *application à l'armée.* — Nous terminerons par quelques mots sur les bains de vapeur naturels de la *Grotte de Monsummano.*

§ 1ᵉʳ. — *Situation, description et mode d'emploi.*

1º Les sources minérales et thermales de Monte-Catini, dans la vallée de la Nievole, entre Pescia et Pistoja, sur la route ferrée de Pise à Florence, sont situées au pied de la montagne de ce nom : — montagne ou haute colline, fortement creusée en amphithéâtre, de la base au sommet, et dont la crête demi-circulaire est rehaussée, comme d'une forteresse, par le pittoresque village qui porte le même nom (1).

Leur exposition est au sud ; — et elles sont réparties sur divers points, mais dans un périmètre tel que leur éloignement les unes des autres n'excède pas quelques centaines de mètres. — L'aire qu'elles occupent, et que le célèbre Bicchierai (1788) a bien nommée *campo minerale*, présente d'ailleurs ce singulier phénomène, d'une sorte de stérilité relative, au milieu des plus fertiles campagnes ; et cet autre, d'une végétation en partie maritime, et dont la salure spéciale des eaux semble faire les frais ; ces eaux, par leurs principes constituants, étant très-analogues à l'eau de mer.

2º Il faut maintenant faire connaître les sources, que nous comptons au nombre de onze ou douze principales. — Et d'abord, les unes sont prises en boisson seulement, c'est le mode d'emploi le plus habituel ; d'autres ne servent qu'à l'usage des bains, et d'autres encore sont administrées également sous forme de boisson et de bains. — Énumérons-les d'après cette manière de les distinguer.

Les premières de ces sources potables sont, dans l'ordre de leur richesse minérale : 1º celle de l'*Ulivo* (olivier) ; 2º celle de *Tintorini* (nom propre) ; 3º celle de la *Fortuna ;* 4º celle des *Tamerici* (Tamarix) ; 5º celle de *Martinelli* (nom propre) ; 6º celle de la *Regina.* — Notons que l'Ulivo, source neuve, découverte en 1851, n'est point encore aménagée pour l'usage des buveurs.

Les secondes, employées aujourd'hui seulement en

---

(1) C'est à cette configuration que l'on rapporte l'étymologie de Monte-Catini, *Mont-du-Bassin.*

bains, sont, suivant le même ordre : 1° les *Terme Leopoldine* ; 2° le *Bagno regio*.—Les Thermes de Léopold furent connus anciennement sous les noms de *Bagno della rogna*, puis de *Bagno dei merli ;* le Bain royal, sous celui de *Bagno dei cavalli.*

Les troisièmes, pouvant être utilisées à la fois en boisson et en bains, toujours d'après leur degré d'énergie, sont celles : 1° de la *Torreta* (tourelle) ; 2° du *Tettuccio* (petit toit) ; 3° du *Rinfresco* (rafraîchissement). — Autrefois les sources du Tettuccio étaient appelées *Bagno nuovo ;* celles du Rinfresco, *Bagnuolo, Bagno tondo,* et, plus tard, *Bagno Mediceo.* — Mais nous devons faire remarquer d'abord que les bains dits du Tettuccio sont, à proprement parler, alimentés par une autre source voisine et peu différente, qui porte le nom d'*acqua del Cipollo;* et ensuite, que l'eau du Rinfresco n'est administrée aujourd'hui qu'à l'intérieur, les bains de cet établissement étant abandonnés quant à présent.

Nous en négligeons deux ou trois autres, qui méritent à peine une mention spéciale : l'*acqua del Villino*, l'*acqua della Teti ;* cette dernière pourtant nous ayant paru douée d'une saveur propre. L'*acqua del Papo*, qui n'est plus utilisée de nos jours, se déverse dans un ruisseau d'écoulement que l'on nomme le *Rio-Salsero.*—Il suffit, du reste, de creuser dans ce *champ minéral,* pour trouver des sources nouvelles, et qui ne diffèrent pas notablement de leurs aînées.

La Torreta, par la quantité de ses principes minéralisateurs, est la première dans l'échelle des eaux considérées comme boisson. Mais en tant que bains, elle le cède aux Thermes de Léopold, et n'occupe que le second rang. Les eaux du Tettuccio et du Rinfresco sont les moins actives ; toutes les autres oscillent donc entre ces deux extrêmes : les Thermes et le Rinfresco.

Ainsi, les bains ne sont réellement qu'au nombre de quatre : 1° Terme Leopoldine ; 2° Torreta ; 3° Bagno regio ; 4° Tettuccio (ou mieux Cipollo) ; — et les buvettes, au nombre de huit principales : 1° Torreta ; 2° Tintorini ; 3° Fortuna ; 4° Tamerici ; 5° Martinelli ; 6° Regina ; 7° Tettuccio ; 8° Rinfresco.

Pour dire un mot des établissements de bains, ceux des

Thermes, du Tettuccio, de la Torreta, sont des édifices assez considérables, vastes, pourvus de jardins et très-appropriés aux exigences de leur destination. Le premier, remarquable surtout, contient 34 cabinets, avec baignoires en marbre, le second, 20 ; le troisième, 12. Le Bagno regio ne contient que 8 baignoires ; et il est affecté particulièrement au service des indigents. Tous renferment en outre des piscines. Mais on ne voit différents systèmes de douches qu'aux Thermes, et encore cet aménagement laisse-t-il beaucoup à desirer.

Les eaux prises en boisson nous intéressent encore au point de vue de leur exportation ; car elles sont envoyées non-seulement en Italie, mais à l'étranger, et surtout en Egypte. On trouve même à Paris, dit-on, de celles du Tettuccio et du Rinfresco. Toutefois, on ne saurait disconvenir que le mode usité pour ces envois, dans des bouteilles (*fiaschi*) à peine bouchées avec quelques brins de filasse et du papier collé, ne les expose sûrement à perdre la majeure partie de leurs propriétés. Aussi, tant que cette manière défectueuse et ridicule de fermer les flacons sera conservée, ne faudra-t-il accorder qu'une faible confiance aux vertus de ces eaux employées loin de leur source (1).

Il existe en outre à Monte-Catini des boues qui jouissaient naguère de quelque crédit, mais que l'on n'administre plus maintenant, au moins dans les établissements.

La durée de la cure est de quinze à vingt jours, ou davantage. — Et quant à la quantité journalière de la boisson, quoique très-variable suivant les circonstances, elle peut être évaluée à près d'un litre environ, et doit être prise à petites doses, particulièrement le matin à jeun.

Enfin, la saison générale des eaux comprend les mois de juillet et d'août. Tout au plus commence-t-elle à la fin de juin, pour finir dans les premiers jours de septembre. —

------

(1) Le renseignement ci-dessus était exact. On trouve de l'eau du Tettuccio à Paris ; et, de plus, elle y est expédiée, depuis quelques mois, dans des cruchons de grès, bouchés hermétiquement et cachetés. C'est ce que nous demandions.

Pendant cette période on compte de trois à quatre mille visiteurs, presque tous Italiens.

Il nous reste à faire une remarque importante, en ce qu'elle donne la raison de certaines renommées, de certaines prédilections : — c'est que, parmi les sources, les unes appartiennent au Gouvernement, les autres à des particuliers. L'État possède les Thermes, le Bagno, le Tettuccio, le Rinfresco, le Cipollo et l'Ulivo.— Tout le reste constitue des propriétés privées. Or, ces dernières sources ne sont découvertes, pour la plupart, que depuis un petit nombre d'années. Les auteurs anciens n'en pouvaient parler ; et les écrits officiels les passent trop volontiers sous silence. Leur réputation moindre n'implique donc nullement une infériorité qui n'existe qu'en apparence. C'est ce que prouve l'analyse ; — et, pour être juste, il faut le dire.

§ 2. — *Propriétés physiques et chimiques générales.*

1° La plupart des réservoirs (ou cratères), qui contiennent les sources de Monte-Catini sont construits à ciel ouvert, au niveau du sol, et sur le lieu même des établissements. On voit l'eau sourdre en dégageant des bulles de divers gaz ; et elle est utilisée aussitôt. Celle du Rinfresco seule n'est point bue à sa source ; elle est amenée aujourd'hui, par un conduit de terre cuite, de son point de départ, à quelques centaines de mètres de là, dans l'établissement du Tettuccio. Et nous ne doutons guère que ses propriétés ne soient quelque peu modifiées, même pendant ce court trajet.

Toutes ces eaux minérales potables sont sans odeur, et parfaitement transparentes. Plusieurs ont la limpidité du cristal. Leur saveur est plus ou moins salée, sans amertume, sans arrière-goût désagréable ; et elle rappelle tout à fait celle de l'eau de mer. On les boit sans répugnance et sans effort, ce qui n'est pas, à notre avis, l'un de leurs moindres avantages. L'estomac les reçoit et les supporte sans fatigue aucune.

La température des eaux employées en bains varie de 29°75 à 24°, ainsi qu'il suit :

Terme Leopoldine. . . . .   29°,75
(Tettuccio). . . . .   25°
Torreta. . . . .   24°,25
Bagno regio. . . . .   21°.

Et de là vient qu'elles ne sont distribuées dans les baignoires qu'après avoir été plus ou moins chauffées artificiellement, résultat que l'on obtient de diverses manières, et notamment à l'aide de la vapeur et d'un serpentin.

2° La composition des différentes sources qui nous occupent est assez peu variable. Et, cela soit dit sans empiéter sur le domaine de l'analyse, dans toutes, c'est le sel marin qui domine, en très-grande proportion, ainsi que dans l'eau de la mer. — De même que dans celle-ci, on y trouve, entre autres sels, des chlorydrates de potasse et de magnésie, des sulfates de magnésie et de chaux. Mais on y trouve, en outre, des carbonates calcaire et magnésien, puis une faible dose d'oxydes de fer et de manganèse; enfin, des traces d'iodures et de bromures. La différence qu'elles présentent avec l'eau de mer consiste donc surtout dans la moindre quantité de leurs principes salins. — D'après une analyse faite par le docteur G. Giuli (1833), l'eau de la Méditerranée, recueillie à un mille en dehors du port de Livourne, contenait trois fois autant de sels que la source des Thermes de Léopold, et neuf fois autant que celle du Tettuccio.

§ 3.—*Mode d'action.*—*Effets thérapeutiques.*

1° Ainsi que l'on en peut juger par la nature des principes qui les constituent, les eaux de Monte-Catini, comparables à celles de Carlsbad, et plus encore à la source saline de Cheltenham, seront nécessairement laxatives, et leur usage principalement interne ; c'est en cela que résident leurs propriétés essentielles. Mais là ne se borne pas leur action. Elles peuvent être administrées à l'extérieur ; — les quantités de leurs éléments sont variées ; le fer, le manganèse, l'iode, le brome, dont elles contiennent des atomes, peuvent agir spécialement. Et, sous ces divers points de vue, leurs effets seront complexes.

En outre, l'action laxative ou purgative qu'elles exercent n'est point aussi directe qu'on pourrait le penser, et que celle produite en général par les purgatifs salins. Prises à doses même considérables, elles ne sollicitent l'intestin que lentement, et à la suite de phénomènes d'une nature spéciale, pouvant résulter de leur tolérance par l'organisme ; ce qui permet de croire à l'absorption de leurs principes médicamenteux, et à leur action, non-seulement locale, mais générale sur l'économie.

Ce ne sont pas, du reste, les eaux les plus énergiques qui sont les plus efficaces. — Un état morbide étant donné, une modification indiquée, des eaux faibles, mieux adaptées par cela même à la nature du mal, à l'idiosyncrasie de l'individu, pourront agir plus favorablement que des eaux très-actives. Cette remarque, dont la médication thermo-minérale offre selon nous de tous côtés des exemples, trouve ici particulièrement son application. Et c'est ce qui explique l'abandon de la source des Thermes, jadis employée en boisson, et ce qui rend compte de certains effets curatifs obtenus à l'aide du Tettuccio ou du Rinfresco, alors que l'eau de la Torreta ou celle de Tintorini n'auraient pas eu le même succès.

2° Si l'on en croit la plupart des auteurs, presque tous Italiens, qui depuis plusieurs siècles se sont faits les historiographes de ces eaux, et ils sont nombreux (A), le cadre des affections qui pourraient être modifiées avantageusement par leur seul usage serait véritablement immense.—Altérations de l'encéphale et de la moelle, du sang, de la lymphe ; angine de poitrine, lésions viscérales de l'abdomen ; maladies calculeuses, goutteuses ; la leucorrhée, l'albuminurie, la psore, l'herpès, etc.; nous n'en finirions pas si nous voulions les énumérer toutes ; — et c'est à ce point, que l'on pourrait dire de ces eaux qu'elles guérissent trop. — Elles agiraient, en outre, comme moyen prophylactique de l'intoxication paludéenne : elles seraient une panacée.

Mais n'est-ce pas un peu là l'histoire de beaucoup d'autres stations thermales, et, en général, des intérêts de clo-

(A) V p. 11.

cher? Nous sommes loin de croire à tant de vertus. Cependant, en faisant à ces eaux une part infiniment moindre, elle est encore assez considérable pour attirer toute notre attention.

Quel que soit leur mode d'action, l'expérience prouve qu'elles apportent des changements salutaires à l'état d'engorgement des viscères abdominaux, à l'hypérémie du foie, spécialement, à l'hépatite, à l'ictère, en tant que troubles de la circulation veineuse abdominale, et qui résultent si souvent de la cachexie paludéenne. Ici, tous les avis concordent; et nous ne saurions douter de leur efficacité dans ces lésions. Elles paraissent modifier aussi très-favorablement diverses formes des affections chroniques de l'intestin, telles que la dyspepsie, la diarrhée, la dyssenterie (B). Et de là le titre de *dyssentérique* donné jadis à l'eau du Tettuccio.— En un mot, l'appareil des organes digestifs serait tout particulièrement soumis à leur bienfaisante influence thérapeutique. Et ce serait à bon droit que la pratique des siècles leur aurait attribué, en de certaines limites, les qualifications *d'altérantes,* de *désobstruantes.*

D'autre part, les maladies du système lymphatique, les engorgements ganglionnaires, la diathèse scrofuleuse pourraient être combattus avec succès par la même médication, employée tant à l'extérieur qu'à l'intérieur. Ces eaux seraient donc également résolutives, fondantes, comme on le dit.— Et il résulte encore d'observations auxquelles nous ajoutons confiance, et que ne dément point la théorie, que divers états d'appauvrissement du sang, la chlorose, certaines aménorrhées, peuvent en retirer des avantages marqués, et du même ordre que ceux obtenus par l'usage des bains de mer.

Il est une autre sorte de maladies pour lesquelles nous les voyons encore vantées : ce sont les affections calculeuses des reins et de la vessie (c) ; d'où les noms pompeux de *néphrétique* et de *lithontriptique* donnés par quelques médecins anciens particulièrement à la source du Rinfresco.

(B) V. p. 13.
(c) V. p. 14.

Mais il ne suffirait point pour cela qu'elle eût des propriétés plus ou moins *réfrigérantes*, ou même une influence diurétique. Et sans doute que la critique se montrerait aujourd'hui plus sévère que jadis sur la constatation de faits semblables.—Au moins, si nous reconnaissons qu'en augmentant la partie aqueuse de l'urine, elle favorise l'expulsion du sable et des graviers, ne pouvons-nous admettre son action directe et dissolvante sur les concrétions. C'est ainsi que dans la gravelle rouge, par exemple, ces eaux ne sauraient, en aucune manière, être mises en balance avec celles de Vichy, dont la composition chimique en diffère complétement, et qui doivent à cette composition la nature de leurs effets.

On a publié encore nombre d'observations de névralgies sciatiques, d'affections rhumatismales, arthritiques, guéries par l'usage des différentes sources. Mais en suivant ces errements, il se pourrait qu'on leur demandât beaucoup plus qu'elles ne peuvent donner. Nous le répétons, sans nier ces faits, nous pensons qu'on ne doit les admettre qu'après vérification. En de pareilles questions, il ne faut pas trop vivre sur le passé :—le passé est à revoir. Et c'est à l'aide d'études consciencieuses, dégagées de tout esprit local, et qui restreindraient même autant que possible, les bénéfices obtenus, que l'on servira le mieux tous les intérêts.

§ 4. — *Ressources locales. — Application à l'armée.*

1° La vallée de la Nievole est réputée le jardin de la Toscane, comme la Toscane, le jardin de l'Italie. Elle est parcourue par le chemin de fer de Livourne, Pise et Lucques à Florence ; — et une station est établie aux bains même de Monte-Catini. Les approvisionnements de cette localité sont donc très-faciles.—Et quant au logement, si, d'une part, l'administration réserve pour les indigents, dans la saison des eaux, le petit hospice de vingt-quatre lits qu'elle possède au Bain royal, d'une autre part, bon nombre d'habitations sont groupées autour des bains ; et il ne serait pas trop difficile d'y trouver un local propre à recevoir quelques militaires malades, si l'on croyait devoir en envoyer.

Mais, d'après tout ce que nous venons de dire, on peut

juger qu'il ne saurait entrer dans notre pensée d'en recommander l'usage pour l'armée d'Italie. En effet, sous quelque point de vue que l'on envisage, et les maladies qui règnent dans cette armée d'occupation (nous ne parlons point de Rome), et les propriétés thérapeutiques des eaux de Monte-Catini, on ne saisit, quant à présent, entre les unes et les autres, aucun rapport de la nature de ceux que nous cherchons. C'est assez conclure.

2° Toutefois, en portant notre vue plus au loin, si l'on veut nous permettre cette sorte de digression, nous rencontrons un état morbide auquel s'attache une vive sollicitude, et dont les symptômes seraient peut-être combattus efficacement par l'usage de ces eaux. Nous voulons parler dés engorgements chroniques des viscères abdominaux, suite de fièvres paludéennes, et particulièrement de celles contractées dans nos possessions d'Afrique.—On sait que, depuis quelques années surtout, les eaux de Vichy sont employées utilement contre ces affections caractérisées par une lésion anémique du sang, et par l'hypérémie ou l'hypertrophie du foie, de la rate, du mésentère. Mais tel est le rôle que jouent ces cruelles maladies dans notre armée de l'Algérie et des colonies, que l'on ne saurait trop s'appliquer à découvrir, ou même à multiplier les moyens d'y porter remède.

Or, parmi les affections qui nous paraissent pouvoir être modifiées avec le plus de succès par les eaux de Monte-Catini, nous n'avons pas hésité à mettre au premier rang les engorgements chroniques des viscères abdominaux.— Il resterait à savoir jusqu'à quel point elles seraient susceptibles de triompher des graves accidents en question. Et comme il appartiendrait aux faits seuls de répondre, nous avons été conduit à nous demander s'il n'y aurait pas lieu d'expérimenter les effets de ces eaux dans les états diathétiques dont nous venons de parler, comparativement à ceux obtenus chez nos militaires traités à Vichy. —Un certain nombre de malades, pris autant que possible dans des conditions semblables, seraient envoyés en même temps dans les deux localités, soumis à l'influence des deux médications, et l'expérience prononcerait.

Nous terminons en ajoutant que s'il arrivait que l'administration crût devoir entrer dans cette voie, M. le docteur F. Fedeli, médecin-directeur (inspecteur), dont les renseignements nous ont été fort utiles, et M. le directeur (administrateur) E. Falconcini, auquel nous devons aussi des remercîments, s'empresseraient de concourir à l'application d'une mesure qui prouverait une fois de plus tout l'intérêt que le Gouvernement apporte à soulager les maux de nos soldats.

NOTES.

(A) Pag. 7. — *Historiographes.* — Nous croyons devoir citer, en partie d'après un ouvrage de trois chimistes contemporains, les noms de quelques-uns de ces médecins italiens, auteurs de travaux les plus importants sur les thermes de Monte-Catini (1). Ce sont :

Ugolino, de Monte - Catini, professeur à l'université de Pise (fin du XIVe siècle) : — *De Monte Catino liber de Balneis;*

Savonarola (G.-Michele), de Padoue, lecteur à l'université de Padoue, professeur à Ferrare, médecin du marquis d'Este : — *De Balneis et Thermis naturalibus omnibus Italiæ, sicque totius orbis, proprietaribusque earum,* lib. II, cap. iii, rub. 18;

Mengo Blanchelli (Domenico), de Faenza : — (*De Balneo Montis Catini*) : *De Balneis;*

Franciotti (Georgio), de Lucques : —*Tractatus de Balneo Villensi, in agro Lucensi posito,* init.;

Clivolo (Bartolommeo da), professeur à Turin : — *De Balneorum naturalium viribus libri quator,* lib. III, cap. xxix;

Tous ces auteurs font partie de la belle collection : *De Balneis omnia quæ extant apud Græcos, Latinos et Arabas,* etc., p. 47, 25, 75, 159, 263; apud Juntas, in-fol., Venetiis, 1553. — Mais le premier seul, Ugolin, plus ou moins reproduit par les autres, est réellement intéressant.

Barba (Pompeo della), de Pescia, médecin de Pie IV (mil. du XVIe siècle) : — *De Balneis Montis Catini commentarius,* etc., ouvrage imprimé seulement en 1773, avec quelques autres documents de même nature, par le docteur G. Targioni-Tozzetti : — *Relazioni d'alcuni Viaggi fatti in diverse parti della Toscana,* etc., t. V, ediz. Firenze, 1768-79, (V. p. 135 *et pass.*);

Baccio (Andrea), de Saint-Elpidio, professeur à Rome, médecin de

---

(1) Targioni-Tozzetti (Antonio), Taddei (Gioarchino), e Piria (Raffaele), *Acque minerali e termali dei RR. Stabilimenti balneari di Montecatini in Valdinievole illustrate con nuova analisi chimica,* p. 73 e seg, broch. (86 pag.); Firenze, 1853.

Sixte-Quint : — (*Aquæ salsæ Montis Catini*) : *De Thermis libri septem*, lib. V, p. 285 ; in-4°, Venetiis, 1571 ;

LIVI (Michele-Gaetano), de Monte-Catini : — *Osservazioni ed esperienze dei Bagni di Montecatini in Val di Nievole nel* 1772, part. 1 e 2. — Ce travail, essentiellement pratique, est publié, ainsi que divers autres sur le même sujet, dans l'important ouvrage ci-après :

BICCHIERAI (Alessandro), de Florence, médecin du grand-duc Pierre-Léopold : — *Dei Bagni di Montecatini Trattato ecc.*; Firenze, 1788, (V. p. 263 *et pass.*) ;

MALUCCELLI (Silvestro), inspecteur des bains de Monte-Catini : — *Dell' attività e dell'uso dei Bagni minerali di Montecatini;* Pisa, 1810 ; — *Statistica medica della communità e dei Bagni di Montecatini di Val di Nievole ecc.*; Pistoia, 1839 ;— *Rendiconto dei casi clinici osservati ai R. Bagni di Montecatini dall'anno* 1835 *al* 1844; Pistoia, 1845;

BARZELLOTTI (Giacomo), professeur à l'université de Pise, directeur des bains de Monte-Catini : — *Bagni termali e minerali di Montecatini nella Val di Nievole, illustrati con nuova analisi chimica e nuove osservazioni pratiche;* Pisa, 1823 ;

GIULI (Giuseppe), professeur à l'université de Pise, médecin-directeur des thermes de Monte-Catini : —(*Acque minerali di Montecatini in Val di Nievole*) : *Storia naturale di tutte le acque minerali Toscane, ed uso medico delle medesime*, t. 1 ; Firenze, 1833.

Nous citerons également l'opuscule, écrit en langue française, de M. F. FEDELI, professeur à l'université de Pise, aujourd'hui médecin-directeur des établissements de Monte-Catini : — *Notice sur les propriétés médicales des célèbres eaux minérales des RR. Thermes de Montecatini employées pour usage interne*, broch. in-12 (23 pag.) ; Pise, 1857.

On peut consulter encore, sur les propriétés générales des eaux : *Statistica del Granducato di Toscana,* tomo terzo,— *Idrologia minerale,*—p. 126, 181-82, 242 ; in-4°, Firenze, 1853;

Et aussi, pour les dessins et plans des établissements, la *Raccolta dei disegni delle fabbriche regie de'bagni di Montecatini, nella Valdinievole*, gr. in-fol. (test. e tavol. XIV) ; in Firenze, 1787.

Maintenant, en ce qui concerne les auteurs français, ici se présentent à nous, dans l'ordre des dates, quelques documents succincts et de mince valeur, mais qu'il faut cependant noter, savoir :

VALENTIN (L.) :— *Voyage en Italie fait en l'année* 1820, édit. Paris, 1826, p. 192-94 ;

ALIBERT (J.-L.) : —*Précis hist. sur les eaux minér. les plus usit. en médecine, etc.*, p. 153-55 ; Paris, 1826 ;

MÉRAT et DE LENS : — *Dictionn. univ. de mat. méd. et de thérap. génér.*, t. IV, p. 453-54 ; Paris, 1832.

Vient ensuite M. Robert MAUNOIR (de Genève) : — *La Porrette et Monte-Catini* (255 pag.) ; Florence, 1848 ; — *Résumé des rapp. publ.*

par MM. Paolini et Maluccelli, sur la clinique des thermes de la Porrette et de Monte-Catini, broch. (124 p.) ; Florence, 1848.

Nous rappellerons le peu de lignes, tout au moins insuffisantes, que M. Constantin JAMES, consacre à Monte-Catini, dans les diverses éditions de son livre, y compris la quatrième et dernière : — *Guide pratiq. du médecin et du malade aux eaux min. etc.,* Paris, 1859, p. 391-92.

Enfin, nous mentionnerons un article substantiel, bien que renfermant quelques inexactitudes, qui se trouve dans le remarquable ouvrage publié tout récemment par MM. DURAND-FARDEL, E. LE BRET, J. LEFORT et J. FRANÇOIS : — *Dictionn. génér. des eaux min. et d'hydrolog. méd.,* t. II, p. 404-407 ; Paris, 1860.

(B) Pag. 8. — *Dyssenterie.* — Gabriel Fallope, pendant qu'il était professeur à l'université de Pise, eut l'occasion d'expérimenter les eaux de Monte-Catini contre la dyssenterie ; et il déclare que, dans cette maladie, celle du Rinfresco en particulier est un remède tellement salutaire, qu'il ne pourrait s'en trouver de plus efficace.

Nous croirons intéresser le lecteur en reproduisant le passage suivant de l'illustre anatomiste et chirurgien italien : « Aqua fontis Bal-« neoli (du Rinfresco) est in usu pro potu ad roborandum ventriculum, « et reliqua viscera : sed præcipuè ad abstergenda intestina, et primas « illas venas. Aqua vero Tectutii est in usu similiter, in potu maximè, « ad soluendum ventrem : nam soluit validissime, etiam si non exhi-« beatur in maiori quantitate quam duorum triumue cyathorum. Aqua « etiam illa Balneoli sum ego usus, et expertus in dysenteriis, ulceri-« busq; intestinorum : et est remedium ita præstans, ut præstantius « reperiri non possit : exhibebam autem sex, vel octo cyathos, et feli-« cissimo quidem cum successu. Ad eundem affectum optima quoq ; « est aqua Tectutii ; verum cum sit robustior, in minori quantitate est « exhibenda. » (*Tractat. de thermalib. aquis atq. metallis,* cap. XXVIII : *Op. omn.,* in-fol., Francofurti, 1600, p. 267.)

Un célèbre médecin naturaliste, qui professa longtemps à la même université de Pise, André Césalpin, ne dit guère autrement. Il regarde comme acquis à l'expérience que l'eau du Tettuccio est un moyen supérieur à tout autre, dans le traitement de la dyssenterie. Voici comment il s'exprime : « . . . experimento enim compertum est : « Aquam Tettuccij præsentaneum remedium esse in dissenteria, adeo ut « hodiè nullum sit præstantius : citissimè enim abstergendo ea quæ « mordent, et exsiccando astringendoque fluxum cohibet. Soluit tamen « aluum abstergendo, et pondere ; ob gravitatem enim salsedinis mi-« nimè omnium ascendit in venas, sed celerrimè præ cæteris descen-« dit, si ea copia assumatur quæ sufficiat ad descensum, relinquit enim « aluum astrictam, neque mordet intestina, quamvis ulcerata, ut aqua « maris, mitiorem enim habet salsedinem, absque ulla acrimonia : sed « aqua maris, nisi mitigetur, intus non assumitur. » (*De metallicis libri tres,* p. 23 ; in-4°, Romæ, 1596)

Nous citerons encore ce trait singulièrement significatif du naturaliste François Redi : « L'acqua del Tettuccio, dit-il, è il solo, il vero, « ed unico certissimo rimedio contra tutte le dissenterie, a tal segno « che in Firenze e ben sfortunato colui che muore di dissenteria. » (*Ap.* Giuli : *Acque minerali di Montecatini ecc., sop. cit.*, p. 23.)

(c) Pag. 8. — *Gravelle.* — Ceci nous remet en mémoire que Michel Montaigne, devenu graveleux, visita, comme il le dit, « quasi tous les « bains fameux de chrestienté. » Etant aux bains de Lucques, en 1581, il nous apprend de la manière suivante, que l'on y employait en boisson l'eau du Tettuccio : « C'est un usage du païs d'eider leur eau « par quelque drogue meslée, comme de sucre candi, ou manne, . . . « et le plus ordineremant, de l'eau *del Testuccio*, que je tâtai : elle est « salée. . . J'en ai veu boire en ma presance, ajoute-t-il, sans aucun « effaict. » — C'est ainsi que maintenant on augmente parfois l'action laxative de l'eau du Tettuccio, en y mêlant de la crême de tartre ou du sel d'Epsom.

Notre philosophe s'était proposé de visiter cette source, en retournant à Florence. Malheureusement, il fut distrait, et l'oublia : « E per « una mia trascuratezza mi scordai, come era il mio proposito, e disc « gno risoluto, di veder il Monte Catino dove è l'acqua salata e calda « del Tettuccio,. . . » Mais alors, et si cette eau jouissait de quelque crédit, que Montaigne n'allait-il chercher à la source même du Tettuccio le soulagement que lui refusaient les eaux de Lucques , lesquelles, ainsi qu'il le dit, n'étaient « ny pour nuire beaucoup, ny pour ser « vir. » (1)? Voilà ce que l'on peut se demander.

Or, la raison en est sans doute que les thermes de Monte-Catini, bien qu'ils fussent connus dès le XIVe siècle, et l'un d'eux très-anciennement, au dire d'Ugolin, — *extra memoriam nunc incolentium*, — n'avaient point dans ce temps, les honneurs d'une grande renommée. — Et, à ce propos, il ne sera peut-être pas sans intérêt de donner, en peu de mots, sur cette station thermale, quelques renseignements historiques, extraits de divers récits, comme ceux de Jean Villani, et que l'on trouvera plus au long, notamment dans le travail de M. Maunoir (2).

Dès le moyen âge, au XIIe siècle, la commune de Monte-Catini, sa position dominante, ses tours, ses châteaux, jouent un grand rôle dans les conflits entre les républiques rivales du voisinage, entre les Guelfes et les Gibelins. — Monte-Catini fut le théâtre de luttes acharnées, et particulièrement d'une fameuse bataille livrée sous ses murs, en 1315,

---

(1) *Essais*, liv. II, ch. xxxvii, éd. Paris, 1848, t. iv, p. 135 ; — *Journ. du voy. de Michel de Montaigne en Italie*, t. ii, p. 177-78, 290, 175 ; in-12, Rome, 1774.

(2) Maunoir , *La Porrette etc., sup. cit.*, p. 162-75. — Targioni-Tozzetti , Taddei e Piria, *op. cit.*, p. 10-20 et *pass.* — Cf. Targioni-Tozzetti (Giovanni), *Ragionamenti sopra le cause e sopra i rimedj dell' insalubrità dell'aria nella Val di Nievole*; Firenze, 1761. — Bicchierai, *op. cit.* — Livi (Gaetano), *Memorie e notizie istorice della terra di Monte-Catini in Val di Nievole*; Firenze , 1844. — Maluccelli, *Statist. med. ecc., sop. cit.*

entre les armées de Pise et de Lucques et celle de Florence ; puis d'un siége, qui ne dura pas moins de onze mois (1329-30). Tout à l'heure la victoire, remportée par ceux de Lucques et de Pise, était au parti gibelin ; ici, nous assistons au triomphe des Guelfes.

Tout ce territoire eut ensuite beaucoup à souffrir des effets de l'insalubrité. Voici comment. Le marais de *Fucecchio* n'est pas éloigné des thermes (à huit ou dix kilomètres au sud).—En 1450, la république florentine prit la résolution funeste de transformer en étangs à poissons, les plaines qui l'environnent. On établit un barrage, afin d'amener le débordement de ce marais. Et dès lors, la *malsania dell'aria* et ses suites s'appesantirent sur cette belle vallée, qu'elles désolèrent, le croirait-on ? presque jusqu'à la fin du dernier siècle.

D'autres malheurs survinrent.—Sous Cosme Ier de Médicis, en 1553, les forts ayant été démantelés et les constructions à l'usage des bains en partie dévastées, les habitants manquèrent de ressources pour les réparer. Et ce fut peu d'années après, que la commune de Monte-Catini ne vit rien de mieux, dans cette triste conjoncture, que d'offrir au souverain le domaine des thermes qui tombaient en ruines. L'offre, toutefois, ne fut acceptée que sous le fils de Cosme, le grand-duc François Ier de Médicis, en 1583 ; et cette cession ne changea rien encore à l'état déplorable des choses, à l'insalubrité locale.— C'est même à ce point que, sous Cosme III de Médicis, environ un siècle plus tard, les bains étaient affermés pour une somme qui ne dépassait pas quatre-vingts piastres par an.

Enfin, c'est aux généreux efforts de Pierre-Léopold Ier, aïeul du dernier duc, que Monte-Catini doit d'avoir été tiré de son abandon et mis sur la voie d'une prospérité croissante. Cet excellent prince, renonçant aux revenus de la ferme des étangs, rendit les terres à la culture, et mit un terme à l'infection paludéenne des environs. Il fit donner un libre écoulement au trop-plein des eaux minérales, à l'aide de canaux souterrains qui les déversent dans le petit torrent du Salsero, lequel se jette lui-même dans la Nievole, et de là dans le marais dont nous venons de parler ; et il dota la commune de l'établissement monumental qui rappelle ses bienfaits (1775). — C'est de ce temps seulement que date, pour Monte-Catini le commencement d'une ère nouvelle, la salubrité ramenant le bien-être et l'abondance. Divers autres édifices, des hôtels, des villas s'élevèrent. Le progrès ne s'est pas ralenti depuis lors ; et l'on peut dire que ces eaux offrent aujourd'hui des conditions meilleures que jamais.

NOTE SUR LES ÉTUVES NATURELLES

DE LA GROTTE DE MONSUMMANO.

A 5 ou 6 kilom. vers le sud-est de Monte-Catini, se trouve une grotte découverte il y a huit ans, dans les profondeurs de laquelle circulent des eaux thermales, et dont l'atmosphère chaude et chargée d'humidité constitue une étuve naturelle, où l'on prend des bains de vapeur dans des conditions véritablement excellentes : c'est la grotte de Monsummano.

Un bâtiment, nouvellement construit pour les baigneurs, en ferme l'entrée (1).—On y pénètre par une large crevasse, à parois encroûtées de matière sédimenteuse mamelonnée, et dont les blocs de stalactite, que l'on aperçoit ensuite, affectent surtout la forme de cônes. A mesure que l'on chemine dans les flancs tortueux de la montagne, où chaque pas est marqué par la découverte de quelque concrétion à figure d'une bizarrerie nouvelle, la chaleur et l'humidité de l'air augmentent ; et l'on ne tarde pas à rencontrer au fond du labyrinthe un lac sinueux d'eau parfaitement limpide, et dont le maximum de la température est, nous a-t-on dit, de 30°, celle de l'atmosphère ambiante étant à 30°,5.

C'est là, sur les bords du lac, que le baigneur s'installe, éclairé par des lumières qui semblent briller plus que dans l'air libre ;— et à peine s'y trouve-t-il depuis quelques minutes, que la diaphorèse s'établit, et qu'elle continue, non-seulement sans fatigue, mais avec charme, et même avec une sensation de bien-être extraordinaire, surtout pour les organes de la respiration.

Or, la composition de l'eau ne donne point la raison de ce phénomène ; et peut-être faut-il la chercher plutôt dans

---

(1) Ce bâtiment d'exploitation, qui contient bon nombre de petites chambres à l'usage des baigneurs, appartient, aussi bien que la grotte, à M. Giusti, père du célèbre poëte national, mort récemment, Giuseppe Giusti.

l'état de pureté ou d'oxygénation de l'air, qui n'est point d'ailleurs saturé par l'humidité, — comme il arrive dans les étuves artificielles, dans le bain maure, par exemple, dans les *hammam* de l'Orient ; — et aussi dans les étuves naturelles, comme celles de Néron (*stufe di Nerone*), ou bains de *Tritoli*, près du cap Misène, dans le golfe de Naples.

Voici, d'après M. Dupuis, l'analyse de cette eau (les chlorures et les alcalis non dosés) :

Acide carbonique libre.	0^{lit},005
Carbonate de chaux.	0^g, 062
Chaux.	0^g, 079
Magnésie.	0^g, 147
Acide sulfurique.	0^g, 131

Les paralysies, les douleurs rhumatismales, les névralgies, la syphilis invétérée, la surdité, sont les maladies pour lesquelles on a le plus ordinairement recours à cette sorte de *tepidarium,* ou plutôt à ces bains de vapeur d'un genre exceptionnel, et qui, par leur composition et leur douce température,—ainsi que par le voisinage des thermes de Monte-Catini,—peuvent être appelés à jouir d'une juste célébrité, quand ils seront plus connus.

Il n'est question dans ce pays que des cures qu'ils opèrent ; et, ce qu'il y a de certain, c'est que médecins et malades, que nous avons consultés, en disent merveille.

On comprend donc que nous n'ayons pu visiter ces étuves sans nous croire obligé de signaler en passant les bons effets que la voix publique leur attribue.

Paris.—Imp. de COSSE et J. DUMAINE, rue Christine, 2.

www.ingramcontent.com/pod-product-compliance
Lightning Source LLC
Chambersburg PA
CBHW051437060726
47596CB00006B/2527